PEIDIANWANG GONGCHENG
JIANLI XIANGMUBU BIAOZHUNHUA GUANLI SHOUCE 2019NIANBAN

配电网工程监理项目部标准化管理手册 2019年版

国网重庆市电力公司　组编

中国电力出版社
CHINA ELECTRIC POWER PRESS

内 容 提 要

　　《配电网工程监理项目部标准化管理手册（2019年版）》依据国家现行法律法规，以及国家、行业和国家电网有限公司规程、标准，结合国网重庆市电力公司配电网工程档案资料归集标准、输变电工程建设监理管理办法，在总结国网重庆市电力公司系统监理项目部标准化建设及运行经验的基础上编制而成。

　　本手册共分4章，分别是监理项目部设置、工程前期阶段、工程建设阶段和总结评价阶段，附录部分收录了监理项目部常用的标准化模板和各阶段业主项目部管理资料清单。

　　本手册适用于国网重庆市电力公司10（20）kV及以下配电网工程监理项目部开展管理工作时参考执行。

图书在版编目（CIP）数据

　　配电网工程监理项目部标准化管理手册：2019年版 / 国网重庆市电力公司组编. —北京：中国电力出版社，2019.7
　　ISBN 978-7-5198-3382-4

　　Ⅰ．①配… Ⅱ．①国… Ⅲ．①配电系统–电力工程–监理工作–标准化管理–中国–手册 Ⅳ．①TM7–62

　　中国版本图书馆CIP数据核字（2019）第138453号

出版发行：中国电力出版社
地　　址：北京市东城区北京站西街19号（邮政编码100005）
网　　址：http://www.cepp.sgcc.com.cn
责任编辑：罗翠兰　柳　璐
责任校对：黄　蓓　常燕昆
装帧设计：张俊霞
责任印制：石　雷

印　　刷：三河市万龙印装有限公司
版　　次：2019年7月第一版
印　　次：2019年7月北京第一次印刷
开　　本：880毫米×1230毫米　32开本
印　　张：2.25
字　　数：53千字
印　　数：0001—3500册
定　　价：20.00元

《配电网工程监理项目部标准化
管理手册（2019 年版）》
编 委 会

编 制 说 明

为规范国网重庆市电力公司 10（20）kV 及以下配电网工程（简称配电网工程）建设管理行为，统一监理管理工作模式，达到实现标准化管理的目的，特编制《配电网工程监理项目部标准化管理手册（2019 年版）》。

本手册根据配电网工程建设特点，按照管理内容简单实用、工作流程易于操作的原则进行编制。主要体现在以下几个方面：一是按照工程前期、工程建设、总结评价三个阶段描述工作内容，将项目、安全、质量、造价、技术等管理工作贯穿其中，各阶段应产生和收集的管理资料以清单形式一一列出，方便管理者使用；二是按照配电工程进行编制，整合了变电和线路专业通用管理工作内容，对两个专业不同的内容进行分别描述，便于工程综合管控；三是按照工程实际需要合理配置管理资源，精简了项目部人员配备，适当放宽了上岗条件，统一和简化了项目部上墙图牌；四是简化了项目管理策划和审批流程，监理实施细则、标准工艺应用控制措施、质量旁站方案、安全监理工作方案等不单独编制，其内容全部纳入监理规划相应章节中，一并报审；五是简化了管理审批流程，主体工程的各单位工程及分部工程不单独报审，实行主体工程开工一次性审批；六是将监理例会与业主项目部、施工项目部的例会合并召开，监理月报不单独编制，内容并入例会会议纪要中。

本手册主要包括以下四个方面内容：

（1）监理项目部设置。明确了监理项目部组建、监理项目部工作职责、监理项目部岗位职责和监理项目部建设。

（2）工程前期阶段。明确了监理、项目管理策划阶段、施工图会检和开工管理。

（3）工程建设阶段。明确了项目管理、安全管理、质量管理、造价管理、技术管理五个专业的管理工作内容、方法和管理流程。

（4）总结评价阶段。明确了监理工作总结、资料归档、工程结算、工程创优、综合评价和质量保修的相关工作内容。

本手册对有关名词术语进行了统一解释，详见附录 A。

本手册模板的编制与使用说明如下：

（1）本手册工作模板主要规范各专业工作过程中主要模板的格式、内容，自印发之日起在国网重庆市电力公司系统 10（20）kV 及以下配电网工程项目中统一执行。

（2）工程建设相关的表式，分业主、监理、施工三个模板。本手册仅针对监理发起并填写的表式进行整理归类，由业主、施工发起并填写的表式参见业主、施工标准化管理手册模板。

（3）监理管理模板代码的命名规则：PJSZ 代表配电网工程监理项目部设置模板；PJXM 代表配电网工程监理项目部项目管理模板；PJAQ 代表配电网工程监理项目部安全管理模板；PJZL 代表配电网工程监理项目部质量管理模板；PJZJ 代表配电网工程监理项目部造价管理模板。

（4）手册中管理模板的编号原则如下：

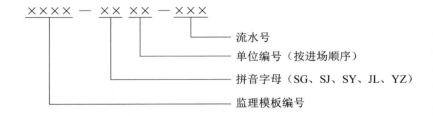

拼音字母为单位性质的缩写，如 SG 代表施工单位；SJ 代表设计单位；SY 代表试验单位；JL 代表监理单位；YZ 代表业主。单位编号用来区别多个同性质单位（如只有一个单位，则单位编号不填写），按照进入现场时间的先后顺序填写，如场平单位为第一个进场的土建单位，编为 SG01，主体单位为第二个进场的土建单位，编为 SG02。流水号用来区分同一类模板，统一用 3 位数字填写，按形成的先后顺序编号，第 1 份为 001，第 2 份为 002，以此类推。

（5）表式内容填写使用说明：

1）工程名称：以施工图设计文件名为准。

2）管理模板中监理项目部名称以监理项目部公章为准。除按填写、使用说明要求盖监理公司章外，其他所有需要加盖监理印章的，均指监理项目部公章。报审表经业主项目部经理审核签字后，加盖业主项目部公章；需建设管理单位负责人签字的，加盖建设管理单位公章。

3）管理模板中监理项目部填写内容均采用打印方式，监理项目部、业主项目部、建设管理单位审查意见采用手写方式。施工项目部、监理项目部、业主项目部、建设管理单位所有姓名、日期的签署均采用手写方式。监理项目部审查意见如果在栏内写不下，可附页，并注明"具体意见附后"字样。附页内容采用打印方式，并手写签署姓名、日期，加盖监理项目部章。

4）管理模板要求一式多份文件全部为原件归档。文件的份数应符合模板填写、使用说明要求。移交归档的文件在移交前由组卷单位负责保管。

5）使用管理模板时，不需要打印各模板左上方代码字段和下方的填写、使用说明字段。

本手册由国网重庆市电力公司设备管理部负责管理和对条文进行解释。

本手册主编单位为国网重庆市电力公司。参编单位为重庆渝电工程监理咨询有限公司、国网重庆市电力公司万州供电分公司、国网重庆市电力公司垫江供电分公司、国网重庆市电力公司綦南供电分公司、国网重庆市电力公司武隆供电分公司。

目　　录

1 监理项目部设置

1.1 监理项目部组建

1.1.1 定位

监理项目部是工程监理单位成立并派驻工程，负责履行工程监理合同的组织机构，公平、独立、诚信、科学地开展建设工程监理与相关服务活动，通过审查、见证、旁站、巡视、平行检验、验收等方式、方法，实现监理合同约定的各项目标。

1.1.2 组建原则

监理单位应根据监理合同约定的服务内容、服务期限、工程特点、规模等因素，在合同签订一个月内成立监理项目部，并将成立监理项目部的正式文件（见附录 C.1 中 PJSZ1）报建设管理单位备案。

10（20）kV 及以下配电工程同一监理合同内的工程，可组建一个监理项目部。监理项目部设置总监理工程师、安全监理工程师、专业监理工程师、监理员和信息资料员等岗位。监理项目部至少配备总监理工程师、安全监理工程师各 1 人，专业监理工程师或监理员 1 人。线路工程较长时，专业监理人员根据工程实际需要配置。

监理项目部应保持人员稳定，需调整总监理工程师时，监理单位应书面报建设管理单位批准。

1.1.3 任职条件

监理项目部配备的监理人员年龄应在 65 周岁以下，身体健康，具备配电工程建设监理实务知识、相应专业知识、工程实践经验和协调沟通能力，并熟悉计算机操作。监理人员任职资格及条件符合表 1-1。

表 1−1　监理人员任职资格及条件

类别	监理人员任职条件
总监理工程师	具备国家注册监理工程师资格，具有 3 年及以上同类工程监理工作经验
总监理工程师代表	具备以下两个条件：① 具有工程类注册执业资格或省（市）级专业监理工程师岗位资格证书或中级及以上专业技术职称；② 具有 3 年及以上同类工程监理工作经验
专业监理工程师	具备工程类注册执业资格或具有中级及以上专业技术职称或取得省（市）级专业监理工程师岗位证书，具有 2 年及以上同类工程监理工作经验
安全监理工程师	具备下列资质条件之一：① 国家注册安全工程师；② 国家注册监理工程师；③ 省（市）级专业监理工程师；④ 从事电力建设工程安全管理工作或相关工作 3 年及以上，具有大专及以上学历
监理员	具有中专及以上学历，参加过电力建设监理业务培训，具有同类工程建设相关专业知识
信息资料员	熟悉电力建设监理信息档案管理知识，具备熟练的电脑操作技能

1.2　监理项目部工作职责

严格履行监理合同，对工程质量、造价、进度进行控制，合同、信息进行管理，协调工程建设相关方关系，履行建设工程安全生产管理法定职责，努力实现工程各项目标。

（1）贯彻执行国家、行业、地方的规程规范，落实国家电网有限公司（简称国家电网公司）各项工程管理制度，执行监理项目部标准化建设各项要求。

（2）建立健全监理项目部安全、质量组织机构，严格执行工程管理制度，落实岗位职责，确保监理项目部安全质量管理体系有效运作。

（3）参加设计交底及施工图会检，监督有关工作的落实。

（4）依据工程建设管理纲要，结合工程项目的实际情况，组织编制监理规划，报业主项目部批准后实施。

（5）审查项目管理实施规划、"三措一案"、（专项）施工方案等施工策划文件，提出监理意见，报业主项目部审批。

（6）组织监理人员进行安全教育培训，对工程策划文件、标准工艺及上级文件进行学习、交底，形成安全/质量活动记录。

（7）审核施工项目部提交的开工报审表及相关资料，报业主批准后，签发工程开工令。

（8）审查施工分包商报审文件，对施工分包管理进行监督检查。

（9）定期检查施工现场，发现存在安全事故隐患的，应签发监理通知单，应要求施工项目部整改；情况严重的，应签发工程暂停令，并及时报告业主项目部。施工项目部拒不整改或不停止施工的，应填写监理报告即时向有关主管部门汇报。

（10）组织进场材料、构配件的检查验收；通过见证、旁站、巡视、平行检验等手段，对全过程施工质量实施有效控制。监督、检查工程管理制度、标准工艺的执行和落实。通过数码照片等管理手段强化施工过程质量。

（11）参与工程设计变更和现场签证管理，监督检查设计变更与现场签证的落实。

（12）审核工程进度款支付申请，按程序处理索赔，参加竣工结算。

（13）定期参加月度例会或受业主项目部委托组织召开月度例会，并形成会议纪要，参加与本工程建设有关的协调会。

（14）配合各级检查、质量监督等工作，完成自身问题整改闭环，监督施工项目部完成问题整改闭环。

（15）组织做好工程竣工验收、启动验收、试运行期间的监理工作。

（16）负责工程信息与档案监理资料的收集、整理、上报和移交工作。

（17）项目投运后，及时编制工程监理工作总结。

（18）参与工程创优。

1.3 监理项目部岗位职责

监理项目部岗位职责见表 1－2。

表1-2　监理项目部岗位职责

岗位名称	职　　责
总监理工程师	（1）确定项目监理机构人员分工及其岗位职责。 （2）组织编制监理规划及实施细则，对监理人员进行监理规划交底和相关管理制度、标准、规程规范培训。 （3）根据工程进展及监理工作情况调配监理人员，检查监理人员工作。 （4）组织召开监理例会，参加工程协调会。 （5）组织审核分包单位资质。 （6）组织审查项目管理实施规划、（专项）施工方案。 （7）审查开、复工报审表，签发工程暂停令、复工令。 （8）组织检查施工单位现场质量、安全生产管理体系的建立及运行情况。 （9）组织审核施工单位的付款申请，参与竣工结算。 （10）组织审查和处理工程变更。 （11）调解建设管理单位与施工单位的合同争议，处理工程索赔。 （12）组织验收隐蔽工程，组织审查工程质量检验资料。 （13）审查施工单位的竣工验收申请，组织竣工预验收，配合竣工验收。 （14）配合工程质量安全事故的调查和处理。 （15）组织编写监理月报、监理工作总结，组织整理监理文件资料
总监理工程师代表	经总监理工程师委托后可开展下列工作： （1）确定监理项目部人员及其岗位职责。 （2）组织监理人员进行教育培训，对工程策划文件、典型设计及上级文件进行学习、交底。 （3）对监理项目部人员工作情况进行监督检查。 （4）组织或参加与本工程建设有关的各类会议。 （5）定期组织开展专项活动，组织检查施工单位现场质量、安全生产管理体系的建立及运行情况；组织检查施工现场，发现存在隐患的，应要求责任单位（责任人）整改。 （6）参与竣工结算。 （7）组织审查和处理设计变更。 （8）参与各应急活动演练。 （9）组织编写监理月报、监理总结，组织整理监理文件。 （10）协助总监理工程师开展监理项目部日常工作。 （11）审查施工分包报审文件，对施工分包管理进行监督检查。对未进行分包的项目，要求施工单位提供无分包承诺书。
安全监理工程师	（1）在总监理工程师的领导下负责工程建设项目安全监理的日常工作。 （2）协助总监理工程师做好安全监理策划工作。 （3）参与编制监理规划及实施细则。 （4）审查施工单位、分包单位的资质，审查人员资格及持证情况。 （5）参加审查项目管理实施规划、"三措一案"和（专项）施工方案，督促施工项目部做好施工安全风险预控。 （6）参与工程施工方案的安全技术交底，监督检查安全技术措施的落实。 （7）参加工程例会和安全检查，督促并跟踪问题整改闭环；发现重大安全事故隐患及时制止并向总监理工程师报告。 （8）监督安全文明施工措施的落实。 （9）参加编写监理日志。 （10）负责做好监理项目部安全管理台账以及安全监理工作资料的收集和整理

岗位名称	职　　责
专业监理工程师	（1）参与编制监理规划及实施细则。 （2）审查施工单位提交的涉及本专业的报审文件，并向总监理工程师报告。 （3）指导、检查监理员工作，定期向总监理工程师报告本专业监理工作实施情况。 （4）检查进场的设备材料质量。 （5）验收隐蔽工程，参与竣工预验收、竣工验收。 （6）处置发现的质量问题。 （7）进行工程计量。 （8）参与工程变更的审查和处理。 （9）组织编写监理日志，参与编写监理月报。 （10）收集、汇总、参与整理监理文件资料。 （11）配合安全监理工程师做好本专业的安全监理工作
监理员	（1）检查施工单位投入工程的人力状况，核查现场作业人员持证情况，检查主要机具的使用状况。 （2）参加见证取样工作。 （3）复核工程计量有关数据。 （4）检查工序施工结果。 （5）落实旁站监理工作要求。 （6）检查、监督工程现场的施工质量、安全状况及措施的落实情况，发现施工作业中的问题，及时指出并向专业监理工程师报告。 （7）做好相关监理记录
造价员	（1）严格执行国家、行业和企业标准，贯彻落实建设管理单位有关投资控制的要求。 （2）协助总监理工程师处理工程变更，根据规定报上级单位批准。 （3）协助总监理工程师审核工程进度款支付申请。 （4）参与审查施工项目部编制的结算资料。 （5）负责收集、整理投资控制的基础资料，并按要求归档
信息资料员	（1）负责对工程各类文件资料进行收发登记。 （2）负责建立和保管监理项目部资料台账。 （3）负责工程监理资料的整理和移交工作。 （4）负责工程过程资料的收集、整理、分类

1.4　监理项目部建设

监理项目部须有固定的办公场所及办公设施，具备人员集中办公的条件（可与业主项目部合署办公）。监理项目部办公场所应设立项目部铭牌，上墙内容包括但不限于监理项目部组织机构、管理工作策划管理流程（见附录 B.1）、工作职责、岗位职责及生产现场作业"十不干"、配电网工程安全管理"十八项"禁令等内容。具体要求见表 1－3。

表 1-3 监理项目部需悬挂标识及各项规章制度

序号	标识名称	参考规格（mm）	单位	数量	材料工艺	备 注	样板（参考）
1	监理项目部铭牌	400×600	块	1	薄框铝合金焗漆丝印	项目部办公室大门外侧悬挂业主项目部铭牌。铭牌应清晰、简洁，并有项目所属监理公司名称、监理项目部名称等	XXXX公司 **ＸＸ配电网工程** **监理项目部**
2	人员配置图	1200×900	块	1	KT板	项目部人员组织架构图。组织架构应包括监理项目部各岗位名称、人员姓名、照片等	XXXXXXXXX公司 配电网工程监理项目部人员配置
3	座位岗位牌	100×170	块	—	薄框铝合金焗漆丝印	数量按实际人数定，置于办公座位	XXXXXXXXXXXXX公司 照 片　姓名：XXX　岗位：XXXXXX
4	职责及规章制度	600×900	块	—	KT板	包含项目部职责及各项目部所设各岗位的岗位职责，各项规章制度及安全风险防控措施，所有图牌设置同一高度（1.5m）	国家电网 STATE GRID 安全监理工程师岗位职责
5	进度计划表	2000×550	块	—	KT板	依据实际管辖项目进行设定	

注　以上规格仅供参考，可根据实际情况进行调整。

监理项目部基本设备配置情况见表1-4。

表1-4 监理项目部基本设备配置情况

序号	名称	配备说明	必配/选配
一		办公设备	
1	办公电脑		必配
2	打印机		必配
3	复印机	数量按实际需求配备	必配
4	传真机		选配
5	扫描仪		必配
6	手持终端		必配
二		常规检测设备和工具	
1	测厚仪	需要使用时，由监理单位统一调配	选配
2	混凝土强度回弹仪		选配
3	水准仪		必配
4	测距仪		必配
5	经纬仪		选配
6	游标卡尺		必配
7	力矩扳手	现场配置，数量和型号应满足工程要求	选配
8	接地电阻测量表		必配
9	钢卷尺（5m）		必配
10	皮卷尺（50m）		必配
11	建筑多功能检测尺		选配
12	望远镜		必配
三	个人安全防护用品	数量按实际需求配备	必配
四	交通工具		必配

2 工程前期阶段

2.1 项目监理策划阶段

（1）监理项目部成立后，监理单位应对其进行合同交底，内容包括工程概况、监理范围、监理工作内容等；总监理工程师对监理人员进行交底，内容包括监理工作范围、监理人员职责、监理工作内容等。

（2）依据监理大纲、建设管理纲要等文件，策划工作管理流程，编制监理规划（见附录 C.2 中 PJXM1）及实施细则。监理规划及实施细则应包含工程创优监理控制措施、标准工艺应用控制措施、质量旁站方案、安全监理工作方案相关内容。填写监理策划文件报审表（见附录 C.2 中 PJXM2），报业主项目部审批。根据工程实际及最新要求，及时滚动修编监理规划及实施细则。

（3）组织监理项目部人员对监理规划及实施细则等进行交底、培训，形成质量/安全活动记录（见附录 C.2 中 PJXM3）。

2.2 施工图会检

参加业主项目部组织的施工图会检，编写施工图会检纪要（见附录 C.2 中 PJXM4），监督相关工作的落实。

2.3 开工管理

2.3.1 开工准备

（1）参加业主项目部组织的设计联络会，监督有关工作的落实。

（2）在业主项目部组织下，参加设计交底工作，履行交底手续。

（3）参加业主项目部组织的工程例会，起草会议纪要；监督落实会议相关工作要求。

（4）审核施工项目部报送的施工分包申请，报业主项目部审批。

（5）审查施工项目部报送的第三方试验（检测）单位的资质

等级及试验范围、计量认证。

（6）审核工程预付款报审表，报业主项目部审批。

（7）参加工程项目应急工作组。

2.3.2 开工必备的条件

（1）监理规划已报业主审批。

（2）审查施工项目部编制的项目管理实施规划，重点对施工进度计划、标准工艺实施措施、专项施工方案等内容进行审查，并签署意见。

（3）审核一般/特殊（专项）施工技术方案（措施）、作业指导书、技术措施等，提出审查意见，合格后批准执行。

（4）审查施工项目部主要管理人员和特种作业人员的资格条件。

（5）审查施工项目部报审的主要测量、计量器具的规格、型号、数量、证明文件等内容。

（6）审查施工项目部主要施工机械、工器具、安全防护用品（用具）的安全性能证明文件，对重要设施（大中型起重机械、跨越架，施工用电和危险品库房等）进行安全检查，审查施工项目部填报主要施工机械/工器具/安全防护用品（用具）报审表。

（7）对进场的分包商主要人员、施工机械、工器具、施工技术能力等条件进行入场验证并动态核查。

（8）审查施工项目部报审的供应商资质文件。

（9）参与开工前期到场设备、原材料进货检验（开箱检验）、试验、见证取样等工作，审查施工项目部填报的报审文件，对不符合要求时，提出整改意见并督促整改闭环。

（10）审查施工项目部报送的开工报审表，具备开工条件时签署审查意见，报建设单位批准后签发工程开工令（见附录 C.2 中 PJXM12）。

3 工程建设阶段

3.1 项目管理

项目管理主要包括进度计划管理、合同履约管理、建设协调管理、信息与档案管理与技术管理等。

3.1.1 进度计划管理

（1）及时跟踪施工进度计划执行情况，发现偏差时，采取措施督促施工项目部进行进度纠偏。

（2）需要对原进度计划进行调整时，由施工项目部在工程月度例会上提出调整建议，并督促施工项目部按会议纪要中确定的调整计划执行。如需对工程投产时间进行变更时，应组织审查变更工期的理由，同意后报业主项目部按相关程序审批。

3.1.2 合同履约管理

（1）监督检查施工单位合同履约情况，依据施工合同条款，了解合同争议情况，由总监理工程师进行协调或提出处理合同争议的意见。

（2）施工合同解除时，监理项目部应按合同约定与建设管理单位、施工单位按有关要求协商确定施工单位应得款项，按施工合同约定处理合同解除后的有关事宜。

（3）应及时收集、整理有关工程费用的原始资料，为处理监理合同费用索赔提供证据。依据施工合同审核索赔申请表，提出监理书面意见和建议，报送业主项目部。

3.1.3 建设协调管理

（1）参加业主项目部组织的月度例会、专题协调会，提出工作意见和建议，编写月度例会会议纪要（见附录 C.2 中 PJXM5），综合反映工程进度、安全、质量情况和监理工作情况，提出存在的问题、监理建议以及下一步的工作计划安排，报业主项目部签发。

（2）必要时组织召开专题会议，并形成会议纪要，及时解决需要协调的相关问题。

3.1.4 信息与档案管理

3.1.4.1 档案资料管理

（1）编制工程监理日志（见附录 C.2 中 PJXM6）、监理月报（见附录 C.2 中 PJXM7）。

（2）落实工程信息资料管理制度，做好文件的收发登记管理（见附录 C.2 中 PJXM8）。

（3）根据档案管理要求，及时完成工程监理资料的收集、整理、上报、移交工作，确保档案资料与工程进度同步。

3.1.4.2 影像资料管理

（1）及时拍摄在工程巡视、旁站、见证和验收等履责过程中反映施工安全质量过程控制的影像资料。

（2）做好工程影像资料的收集、存档工作；按业主项目部要求及时提供相关资料。

3.2 安全管理

3.2.1 安全文明施工管理

安全施工管理主要包括安全文明施工管理、分包安全管理、安全风险管理、安全检查管理、应急管理等。

（1）建立监理项目部安全管理台账（见附录 C.3 中 PJAQ1）。

（2）会同业主项目部分阶段对施工项目部进场的安全文明施工设施进行检查确认。

（3）抽查施工过程中施工单位安全标准化设施的使用情况和施工人员作业行为，发现问题，及时督促整改。

（4）对重要及危险的作业工序及部位进行旁站或巡视，对现场落实安全文明施工标准化管理要求进行检查，并填写安全旁站监理记录表（见附录 C.3 中 PJAQ2）或监理检查记录表（见附录 C.2 中 PJXM9）。

3.2.2 分包安全管理

（1）审查分包人员动态信息一览表。动态核查进场分包商主要人员（指项目经理或项目负责人、技术人员、质量人员、安全人员和主要班组长）、特种作业人员资格。

（2）审查进场分包商施工机械、工器具、安全防护用品、施工技术能力等条件。

（3）在施工过程中开展工程项目分包管理专项检查，填写监理检查记录表。

3.2.3 安全风险管理

（1）根据工程特点、施工合同、工程设计文件等，开展工程风险分析，在监理规划及实施细则中明确风险和应急管理工作要求，提出保证安全的监理预控措施。

（2）对作业相对复杂、安全风险较大的施工现场进行现场安全旁站，填写安全旁站监理记录表（见附录 C.3 中 PJAQ2）。安全旁站包括但不限于以下内容：

1）土建施工。脚手架搭设/拆除、深基坑、2m 及以上的人工挖孔桩等。

2）杆塔施工。立杆吊装、组塔等。

3）架空线路施工。交叉跨越、近电作业、带电作业、存在感应电等。

4）电缆施工。电缆试验等。

5）配电变压器施工。变压器吊装及试验。

6）城市/集镇人口密集、环境复杂等施工狭窄地段。

3.2.4 安全检查管理

（1）参加业主项目部组织的安全检查，督促施工项目部及时闭环处理安全检查问题整改通知单中的问题，对安全检查问题整改反馈单进行审核确认。进行日常的安全巡视检查，组织或参加专项安全检查（防灾避险、施工机具、临时用电、安全通病、脚手架搭设及拆除等）。

（2）开展日常安全巡视检查，重点检查施工项目部各类专项方案（措施）的执行落实情况、安全生产管理人员及特殊工种、特种作业人员履职及持证情况。

（3）组织或参加专项安全检查，重点检查防灾避险、施工机具、临时用电、安全通病、脚手架搭设及拆除等。

（4）针对检查发现的问题，填写监理检查记录表，并签发监理通知单（见附录 C.2 中 PJXM10）或管理工作联系单（见附录 C.2 中 PJXM11），督促施工单位落实整改，复查整改结果。达到停工条件的，应签发工程暂停令（见附录 C.2 中 PJXM12），并报业主项目部；拒不整改或者不停止施工的，填写监理报告（见附录 C.2 中 PJXM13）。

（5）配合安全事故（件）调查、分析、处理。

3.2.5 应急管理

参与成立项目现场应急工作组，参加相关应急培训、演练及救援工作。

3.3 质量管理

质量管理主要包括质量检查管理、设备材料质量管理、质量旁站管理、隐蔽工程管理和质量验收管理等。

3.3.1 质量检查管理

（1）根据施工进展，开展现场的日常巡视检查，填写监理检查记录表，发现问题及时纠正。

（2）发现施工单位施工工艺采用不当、施工不当或施工存在质量问题等造成工程质量不合格的，应及时签发监理通知单，督促施工项目部闭环整改。

（3）发生质量事件，现场监理人员应立即向总监理工程师报告；总监理工程师接到报告后，应立即向本单位负责人和业主项目部报告，并配合质量事件的调查、分析、处理。

（4）发现存在符合停工条件的重大质量隐患或行为时，应签发工程暂停令，并及时报告业主项目部，督促施工项目部停工整改。施工项目部拒不整改或者不停止施工的，应填写监理报告。

（5）配合业主项目部开展各类质量检查活动，按要求组织自查，督促责任单位落实检查整改要求。

（6）检查、验收典型设计应用情况，及时纠偏；督促施工项目部开展工厂化预制、成套化配送、装配化施工、机械化作业等标准化工艺应用。

3.3.2 设备材料质量管理

（1）参与对甲供主要设备材料进行到货验收和开箱检查（见附录 C.5 中 PJZL1）。若发现设备材料质量不符合要求时，配合业主项目部及物资管理部门进行更换。

（2）对进场的工程材料、构配件、设备按规定进行实物质量检查，并审查施工项目部报送的质量证明文件、数量清单、自检结果、复试报告等，符合要求后方可使用。

（3）按规定见证施工项目部对试品、试件的取样，并审核试品/试件试验报告报验表，符合要求后予以签认。

（4）对已进场的材料、构配件、设备质量有怀疑时，按合同约定检验的项目、数量、频率、费用，对其进行平行检验，或在征得业主项目部同意后进行委托试验。

（5）审核施工项目部提交的后续新进场的主要测量计量器具/试验设备检验报审表、工程材料/构配件/设备进场报审表。

3.3.3 质量旁站管理

对关键部位、关键工序进行旁站监理，填写安全旁站监理记录表（见附录 C.3 中 PJAQ2）。质量旁站包括但不限于以下内容：

1）土建施工。开关站（配电室）的基础及主体结构混凝土浇筑、屋面防水及保温；配电设备（箱式变压器、环网单元、电缆分支箱）的基础混凝土浇筑；杆塔的基础混凝土浇筑、钢筋笼入孔；电缆工井混凝土浇筑等。

2）电缆施工。电缆中间接头（终端头）制作及试验等。

3）配电变压器施工。变压器就位等。

4）配网设备。调试及试验等。

5）配网自动化装置施工。终端调试等。

3.3.4 隐蔽工程管理

（1）在施工单位自检基础上，组织隐蔽工程验收。隐蔽工程验收应在通知约定时间内组织施工方人员共同验收。如不能按时验收，应在施工单位验收时间前 24h，以书面形式向承包人提出延期验收要求，但延期不能超过 48h。验收合格后，需在隐蔽工程抽查验收表上签字确认。隐蔽工程包括但不限于以下内容：

1）土建施工。地基验槽、灌注桩的钢筋笼安装、钢筋工程、防水防腐工程等。

2）接地装置施工。接地沟开挖、接地体安装、预埋件安装等。

3）杆塔施工。底盘、卡盘、拉盘等埋件、埋管规格、数量、位置及电杆埋深等。

4）电缆施工。电缆管预埋等。

5）其他隐蔽前检查。

（2）隐蔽工程需按要求拍摄影像资料存档。

（3）对已同意覆盖的工程隐蔽部位质量有疑问的，或发现施工单位私自覆盖工程隐蔽部位的，应要求施工项目部进行重新检验。

3.3.5 质量验收管理

（1）对施工项目部报验的隐蔽工程进行验收，验收合格后予以签认；对验收不合格的，要求施工项目部限期整改并重新报验。

（2）对已同意覆盖的工程隐蔽部位质量有疑问的，或发现施工单位私自覆盖工程隐蔽部位的，应要求施工项目部配合重新检查、验证。

（3）隐蔽工程应按照要求拍摄影像资料存档。

（4）参加竣工验收，对验收中发现的问题，属施工项目部的由其制定整改措施并限期实施整改，整改完毕后监理项目部组织复查；属监理项目部的自行整改，整改完毕后报业主项目部审查；参加工程验收启动会议。

3.3.6 标准工艺管理

（1）参加施工项目部的标准工艺施工技术交底。

（2）落实监理规划中的标准工艺应用控制措施，对标准工艺实施情况检查、验收，并及时纠偏。

3.4 造价管理

造价管理主要包括工程量管理、进度款管理、设计变更与现场签证管理等。

3.4.1 工程量管理

（1）工程实施阶段，根据施工设计图纸、工程设计变更和经各方确认的现场签证单，配合业主单位核对工程量。

（2）工程结算阶段，配合业主单位审核竣工工程量。

3.4.2 进度款管理

（1）依据施工合同，审核施工项目部报送的工程预付款申请表，并报业主项目部审批。

（2）审核进度款报审资料（当期的设计变更费用、工程量签证费用、预付款回扣金额），签认后报业主项目部审批。

3.4.3 设计变更与现场签证

（1）按照设计变更管理流程（见附录 B.2）办理设计变更审查，报业主项目部审批。

（2）审查设计变更联系单（见附录 C.5 中 PJZJ1）、现场签证的方案和费用预算，确认后报业主项目部审核。

（3）督促落实设计变更及现场签证，签署设计变更执行报验单和组织现场签证验收。

3.5 技术管理

（1）根据工程进展，对所有监理人员适时组织有关技术标准、规程、规范及技术文件的学习与培训，填写安全/质量活动记。

（2）参与编制技术标准执行清单。

（3）审核确认工程设计变更及现场签证的技术内容并督促落实，参加现场验收，签署施工项目部报送的设计变更执行报验单。

（4）配合业主项目部解决技术争议问题，提出监理意见和建议。

（5）审核施工项目部报送的一般/特殊（专项）施工技术方案（措施）。

（6）监督检查施工项目部对技术标准、项目管理实施规划及各种施工方案的执行情况。

（7）审核签认竣工图。

4 总结评价阶段

4.1 监理工作总结

工程投产后 20 日编制工程监理工作总结（见附录 C.2 中 PJXM14）。内容包括工程概况、监理组织机构、监理人员和投入的监理设施、监理合同履行情况、标准工艺应用情况、监理工作成效、监理工作中发现的问题及其处理情况等。

4.2 资料归档

根据《国网重庆市电力公司配网工程档案模板制作要求》和国家电网办〔2016〕1039 号《国家电网公司关于进一步加强农网工程项目档案管理的意见》，工程投产后一个月内，完成工程资料的收集、整理、组卷、编目、移交。同时，督促施工单位及时完成档案文件的移交。需经业主项目部汇总、整理的资料，应提前一周移交到业主项目部。

4.3 工程结算

（1）工程投产后，报送工程监理费付款报审表（见附录 C.5 中 PJZJ2）。

（2）工程投产后 15 日内，整理已办理审批手续的设计变更审批单、现场签证单、竣工图和索赔申请，就工程量增减提出监理意见，并报送业主项目部作为工程结算的依据。

（3）配合工程结算督察；配合完成工程审计、财务决算等工作。

4.4　工程创优

参加建设管理单位组织的优质工程创建工作。

4.5　综合评价

（1）接受并配合业主项目部开展对本监理单位的综合评价。

（2）配合、支撑业主项目部对施工单位、设计单位开展综合评价。

4.6　质量保修

参与工程质量保修期内出现的质量问题的检查、分析和责任认定，对修复的工程质量进行验收，合格后予以签认。承担工程保修阶段的服务工作后，按要求进行质量回访。

附录 A 名 词 术 语

1. 总监理工程师

由工程监理单位法定代表人书面任命，负责履行建设工程监理合同、主持项目监理机构工作的注册监理工程师或电力行业专业监理工程师。

2. 施工分包

施工分包是指施工承包商将其承包工程中专业工程或劳务作业发包给其他具有相应资质等级的施工单位完成的活动。

3. 标准工艺

标准工艺是对国家电网公司配电工程质量管理、工艺设计、施工工艺和施工技术等方面成熟经验、有效措施的总结与提炼而形成的系列成果，由配电工程"工艺标准库""典型施工方法""标准工艺设计图集"等组成，经国家电网公司统一发布、推广应用。

4. 监理规划

在监理单位与建设管理单位签订委托监理合同之后，由总监理工程师主持编制，经监理单位技术负责人书面批准，用来指导监理项目部全面开展监理工作的指导性文件。内容包括安全旁站方案、质量旁站方案、创优措施、标准工艺应用监理控制措施、强制性条文监理检查控制措施等。

5. 设计变更

设计变更是指工程初步设计批复后至工程竣工投产期间内，因设计或非设计原因引起的对初步设计文件或施工图设计文件的改变。

6. 文件审查

对施工单位编制的报审文件进行审查，并签署意见的监理活动。

7. 旁站

在关键部位或关键工序施工过程中，监理人员在现场进行的全过程监督活动。

8. 巡视

对正在施工的部位或工序在现场进行定期或不定期的监督活动。

9. 平行检验

利用一定的检查或检测手段，在施工单位自检的基础上，按照一定的比例独立进行的检查或检测活动。

10. 见证

由监理人员现场监督某工序全过程完成情况的活动。

11. 签证

对重要施工设施在投入使用前和重大工序转接前进行的检查及确认活动。

12. 费用索赔

根据承包合同的约定，合同一方因另一方原因造成本方经济损失，通过监理工程师向对方索取费用的活动。

附录B 流 程 图

B.1 监理工作策划管理流程图

监理工作策划管理流程图

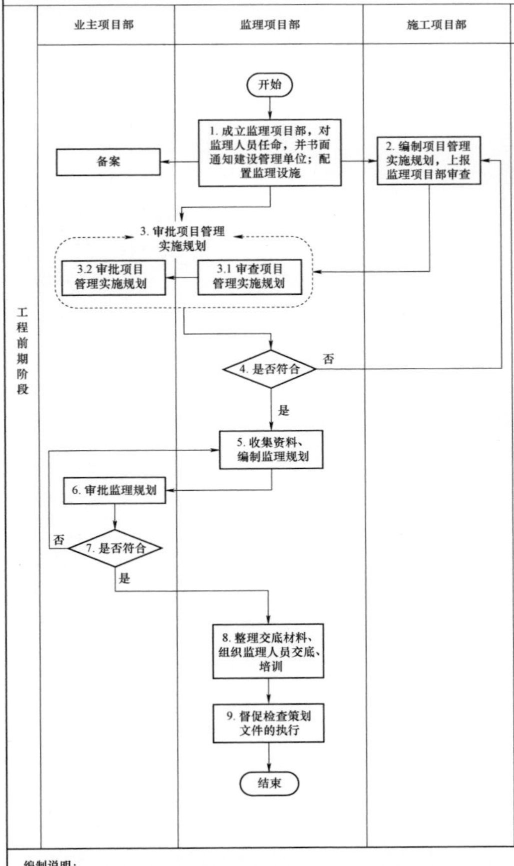

过程描述

流程开始：

1. 依据监理合同，成立监理项目部，任命总监和监理人员，并书面通知建设管理单位；配置必要的监理设施。
2. 施工项目部根据工程情况编制项目管理实施规划，上报监理项目部审查。
3. 监理项目部审核施工项目部相关策划文件，填写监理文件审查记录表，并报业主审批。
4. 审核项目管理实施规划是否符合要求。
5. 根据业主策划文件和审批好的施工策划文件，编制监理规划，并报业主审批。
6. 审批监理规划。
7. 审核监理规划是否符合要求。
8. 总监及时组织对项目部人员进行策划文件培训和交底。
9. 监理项目部按照批准的工作策划开展工程管理工作，根据有关标准、规程、规范及实际情况，进行必要的补充、修改，并执行原审批程序后实施。

流程结束

编制说明：
1. 编制目的：本流程适用于监理项目部策划管理，提出了监理项目部管理策划的全过程管理要求，明确了施工项目部和业主项目部相关管理工作，规范了监理策划管理。
2. 编制依据：《国家电网公司输变电工程建设监理管理办法》和《建设工程监理规范》（GB/T 50319—2013）。

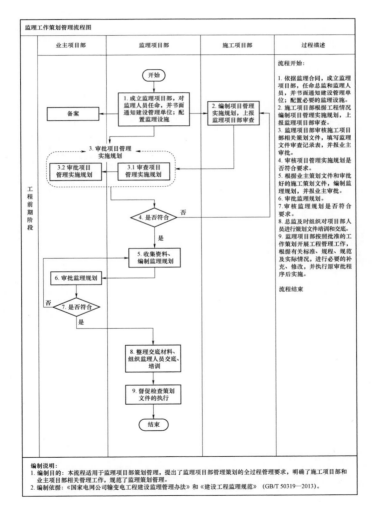

B.2 设计变更管理流程图

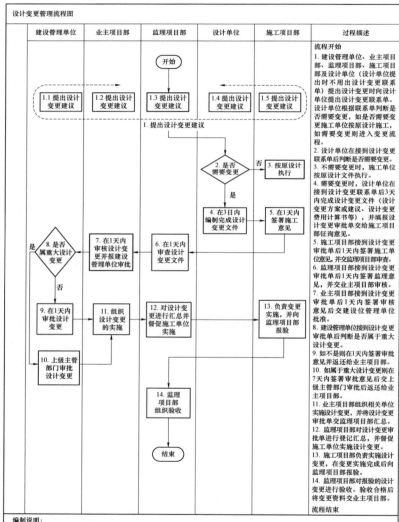

设计变更管理流程图

建设管理单位	业主项目部	监理项目部	设计单位	施工项目部	过程描述

过程描述栏:

流程开始

1. 建设管理单位、业主项目部、监理项目部、施工项目部及设计单位（设计单位提出时不用设计变更联系单）提出设计变更时向设计单位提出设计变更联系单。设计单位根据联系单判断是否需要变更，如是否需要变更施工单位按原设计施工，如需要变更则进入变更流程。
2. 设计单位在接到设计变更联系单后判断是否需要变更。
3. 不需要变更时，施工单位按原设计文件执行。
4. 需要变更时，设计单位在接到设计变更联系单后3天内完成设计变更文件（设计变更方案或建议、设计变更费用计算书等），并填报设计变更审批单交给监理项目部征询意见。
5. 施工项目部接到设计变更审批单1天内签署施工单位意见，并交监理项目部审查。
6. 监理项目部接到设计变更审批单1天内签署监理意见，并交业主项目部审核。
7. 业主项目部接到设计变更审批单后1天内签署审核意见后交建设位管理单位批准。
8. 建设管理单位接到设计变更审批单后判断是否属于重大设计变更。
9. 如不是则在1天内签署审批意见并返还给业主项目部。
10. 如属于重大设计变更则在7天内签署审批意见后交上级主管部门审批后返还给业主项目部。
11. 业主项目部组织相关单位实施设计变更，并将设计变更审批单交监理项目部汇总。
12. 监理项目部对设计变更审批单进行登记汇总，并督促施工单位实施设计变更。
13. 施工项目部负责实施设计变更，在变更实施完成后向监理项目部报验。
14. 监理项目部对报验的设计变更进行验收。验收合格后将变更资料交业主项目部。

流程结束

编制说明：
1. 编制目的：本流程适用于输变电工程监理项目部对设计变更的管理，明确了各相关单位的工作职责，规范了对工程设计变更管理流程。
2. 编制依据：《建设工程监理规范》（GB/T 50319—2013）、《国家电网公司输变电工程建设监理管理办法》和《国家电网公司输变电工程设计变更与现场签证管理办法》等。

22

附录 C 标准化管理模板

C.1 监理项目部设置部分

PJSZ1：监理项目部成立及总监理工程师任命

关于成立_____工程监理项目部

及_____任职的通知

公司各部门：

　　根据工程建设监理工作的需要，经研究决定：

　　成立＿＿＿＿＿＿＿＿＿＿＿＿＿＿＿＿＿＿＿工程监理项目部，任命

＿＿＿＿＿＿＿＿＿为总监理工程师，负责履行本工程监理合同，

主持项目监理机构工作。并正式启用"＿＿＿＿＿＿＿＿＿＿＿＿＿"

印章。

法定代表人：＿＿＿＿＿＿（签字或盖章）

监理单位：＿＿＿＿＿＿（盖公章）

日　　期：＿＿＿＿年＿＿月＿＿日

抄送：（建设管理单位）

　　注　应以文件形式成立，并经法定代表人签字或签章。本模板为推荐格式。

C.2 项目管理部分

PJXM1：监理规划

_____工程
监理规划

批准：（公司技术负责人）_____ 年 月 日

审核：（公司职能部门）_____ 年 月 日

编制：（总监理工程师）_____ 年 月 日

（监理公司名称）
（加盖监理公司公章）
_____年_____月

24

目　　录

编写说明：

1. 监理项目部应结合工程特点、施工环境、施工工艺等编制监理规划，以规范和指导监理工作。

2. 监理规划可根据建设工程实际情况及监理项目部工作需要增加其他内容。

3. 当工程发生变化导致原监理规划所确定的相关内容需要调整时，应对监理规划进行补充、修改。

4. 监理规划应在章节中涵盖监理细则、安全监理工作方案、质量旁站方案等内容。

PJXM2：监理策划文件报审表

监理策划文件报审表

工程名称：　　　　　　　　　　　　　　　　　　　编号：

致：_____（业主项目部） 　　我方已完成_____的编制，并已履行我公司内部审批手续，请审批。 　　附：监理策划文件   　　　　　　　　　　　　　　　　　　　　　监理项目部（章） 　　　　　　　　　　　　　　　　　　　　　总监理工程师： 　　　　　　　　　　　　　　　　　　　　　日　　　期：　　　年　　月　　日
业主项目部审批意见：   　　　　　　　　　　　　　　　　　　　　　业主项目部（章） 　　　　　　　　　　　　　　　　　　　　　项 目 经 理： 　　　　　　　　　　　　　　　　　　　　　日　　　期：　　　年　　月　　日

　　注　本表一式___份，由监理项目部填写，业主项目部存一份、监理项目部存___份。

28

PJXM3：质量/安全活动记录

质量/安全活动记录

工程名称：　　　　　　　　　　　　　　　　　　　编号：

活动时间	
活动地点	
主持（交底）人	
内容：	
参加人 （签字）	

PJXM4：施工图会检纪要

施工图会检纪要

工程名称：　　　　　　　　　　　　　　　　签发：　　　编号：

会议地点		会议时间	
会议主持人			

会检图册：

本次会议内容：

会签意见：	会签意见：	会签意见：	会签意见：
业主项目部（章） 业主项目经理：	监理项目部（章） 总监理工程师：	设计单位（章） 设总：	施工项目部（章） 项目经理：

注　会检纪要由监理项目部起草，经业主项目经理签发后执行。

30

PJXM5：会议纪要

会 议 纪 要

工程名称：   编号：

签发：

会议地点		会议时间	
会议主持人			
会议主题： 　1. 本月总体工作情况进度完成情况（包括进度、安全、质量、物资材料供应、技术、造价、设计等综合情况） 　2. 上次会议问题处理情况			
本次会议内容： 　1. 下月工作计划（包括工程进度计划安排、设备物资材料供应，安全、质量、技术重点注意事项及重点措施及其他综合工作安排） 　2. 本月需协调、处理的问题			
主送单位 抄送单位			
发文单位		发文时间	

注　会议纪要由监理项目部记录，业主项目部签发。

_____会议签到表

姓名	工作单位	职务/职称	电话

监 理 日 志

工程名称：

本册编号：

填写人：

专业：

监理项目部：_____

起止日期：_____年____月____日至_____年____月____日

监 理 日 志

年 月 日 星期:	气候:	白天: 夜间:	气温:	最高:　℃ 最低:　℃

工作内容、遇到问题及处理:

填写、使用说明:

（1）本表由专业监理工程师填写，填写的主要内容:

1）当天施工内容、部位、数量和进度、劳动力、机械使用情况，工程质量、安全情况;

2）监理项目部主要工作、发现问题及处理情况;

3）上级指示执行情况;

4）施工项目部提问及答复;

5）会议、监理人员人数及其他。

（2）在填写本表时，内容必须真实，力求详细。须使用蓝黑或碳素钢笔填写，字迹工整、文句通顺。

（3）本表式为推荐表式，各监理单位可根据自己的管理体系设计本单位的监理日志表式，但应包括本表式要求的主要内容。

PJXM7：监理月报

监 理 月 报

工程名称：＿＿＿＿＿＿＿＿＿＿＿＿＿

＿＿＿＿年＿＿月 第＿＿期

总监理工程师：＿＿＿＿＿＿

监理项目部（章）

报告日期：＿＿＿＿年＿＿＿月＿＿＿日

监 理 月 报

1   工程进展情况

1.1   本月进度情况

1.2   下月进度计划

2   本月监理工作情况

2.1   工程进度控制方面的工作情况

2.2   工程质量控制方面的工作情况

2.3   安全生产管理方面的工作情况

2.4   工程计量与工程款支付方面的工作情况

2.5   合同其他事项的管理工作情况

2.6   上月待协调事项跟踪落实情况

3   工程存在问题及建议

4   下月监理工作重点

4.1   工程进度控制方面工作

4.2   工程质量控制方面工作

4.3   安全生产管理方面工作

4.4   工程造价方面工作

4.5   其他工作

5   本月大事记

PJXM8：文件收发记录表

文件收发记录表

序号	文件名称及编号	文件来源/类别	接收	发放		
			接收人/日期	领取单位	份数	领取人/日期

注 本表由监理项目部填写，监理项目部自存。

PJXM9：监理检查记录表

<h1 style="text-align:center">监理检查记录表</h1>

工程名称：　　　　　　　　　　　　　　　　　　　　　　编号：

施工单位		监理单位	
检查时间		检查地点	
检查类型	□巡视□平行□专项		
施工及检查 情况简述			
存在问题			
整改要求			
检查人		施工项目部 签收人/日期	
整改情况	整改负责人：　　　　　日　期：		
复查意见	复　查　人：　　　　　日　期：		

注　1. 如存在问题已签发监理通知单，"整改要求"中应注明监理通知单的编号，"整改情况"和"复检意见"可不填写。

　　2. 施工单位填写整改情况时，应对照问题逐一描述。

　　3. 定期、专项检查时可根据需要附检查纲要。

38

PJXM10：监理通知单

监 理 通 知 单

工程名称：　　　　　　　　　　　　　　编号：

致： 　事由 　内容 监理项目部（章） 总/专业监理工程师： 日期：　　年　　月　　日	
       接收单位： 接收人： 日　期：　　年　月　日	

PJXM11：监理工作联系单

监理工作联系单

工程名称：   编号：

致：
 	
    事由
 	
内容
 	
                                        监理项目部（章）
                                        总/专业监理工程师：
                                        日　　期：＿＿＿年＿＿月＿＿日

                                        接收单位：
                                        接 收 人：
                                        日　　期：＿＿＿年＿＿月＿＿日

    注 本表一式＿＿份，由监理项目部填写，业主项目部、施工项目部各存一份，监理项目部存＿＿份。

PJXM12：工程开工/暂停/复工令

工程（开工□暂停□复工□）令

工程名称：　　　　　　　　　　　　　　　　　　　　编号：

开工令□	
致：＿＿＿＿＿＿（施工项目部）： 经审查，本工程已具备施工合同约定的开工条件，现同意你方开始施工，开工日期为：＿＿＿＿＿年＿＿＿月＿＿＿日。 附件:开工报审表＿＿＿＿＿＿＿＿＿＿＿＿＿＿＿＿＿＿＿＿＿＿＿＿＿＿＿＿＿＿＿＿＿＿＿＿	
暂停令□	
致＿＿＿＿＿＿（施工项目部）： 由于原因，现通知你方必须于＿＿＿＿年＿＿＿月＿＿＿日时起，对本工程的＿＿＿＿＿＿＿＿部位（工序）实施暂停施工，并按下述要求做好各项工作： ＿＿	
复工令□	
致：＿＿＿＿＿＿（施工项目部）： 我方发出的编号为＿＿＿＿＿《工程暂停令》，要求暂停施工的＿＿＿＿＿＿＿＿＿部分（工序），经查已具备复工条件。经业主项目部同意，现通知你方于＿＿＿＿＿年＿＿＿月＿＿＿日时起恢复施工。 附件:证明文件资料＿＿＿＿＿＿＿＿＿＿＿＿＿＿＿＿＿＿＿＿＿＿＿＿＿＿＿＿＿＿ 　　　　　　　　　　　　　　　　　　　监理项目部（章） 　　　　　　　　　　　　　　　　　　　总监理工程师： 　　　　　　　　　　　　　　　　　　　日期：＿＿＿＿＿年＿＿＿月＿＿＿日	
业主项目部意见： 　　　　　　　　　　　　　　　　　　　业主项目部（章） 　　　　　　　　　　　　　　　　　　　项目经理： 　　　　　　　　　　　　　　　　　　　日期：＿＿＿＿＿年＿＿＿月＿＿＿日	

注　本表一式＿＿＿份，由监理项目部根据工程现场实际情况选择填写，业主项目部、施工项目部各存一份，监理项目部存＿＿＿份。

PJXM13：监理报告

监 理 报 告

工程名称：

致：＿＿＿＿＿＿＿＿（主管部门）
　由＿＿＿＿＿＿（施工单位）施工的＿＿＿＿＿（工程部位），存在安全事故隐患。我方已于＿＿＿＿＿＿年＿＿月＿＿日发出编号为＿＿＿＿＿＿的监理通知单/工程暂停令，但施工单位未整改/停工。特此报告。

附件：□监理通知单
　　　□工程暂停令
　　　□其他

项目监理机构（盖章）
总监理工程师（签字）
日　期：＿＿＿＿年＿＿月＿＿日

注　本表一式四份，主管部门、建设单位、工程监理单位、项目监理机构各一份。

PJXM14：工程监理工作总结

_____工程

（监理公司名称）
（加盖监理公司公章）
_____年____月

批准：（分管领导）　　　____年__月__日

审核：（公司职能部门）　　____年__月__日

编写：（总监理工程师）　　____年__月__日

目　录

C.3 安全管理部分

PJAQ1：监理项目部安全管理台账

监理项目部安全管理台账

1. 安全法律、法规、标准、制度等有效文件清单
2. 总监及安全监理人员资质资料
3. 安全管理文件收发、学习记录
4. 安全监理会议记录
5. 施工报审文件及审查记录
6. 分包备案资料
7. 安全检查、签证记录及整改闭环资料
8. 安全旁站记录
9. 监理通知单及回复单、工程暂停令及复工令

PJAQ2：安全旁站监理记录表

安全旁站监理记录表（安全□质量□）

工程名称：　　　　　　　　　　　　　　　　　　　　编号：

日期及天气：	施工单位：
质量旁站监理的部位或工序：	安全旁站作业点：
旁站监理开始时间：	旁站监理结束时间：
质量旁站的关键部位、关键工序施工情况：	
安全旁站的组织管理、平面布置、安全措施现场执行情况：	
发现的问题及处理情况：	

旁站监理人员（签字）：　　　　　　　　　日期：＿＿＿＿年＿＿月＿＿日

注　1. 本表由监理工作人员填写。监理项目部可根据工程实际情况在策划阶段对"旁
　　　站的关键部位、关键工序施工情况、安全旁站作业点"进行细化，可细化成有
　　　固定内容的填空或判断填写方式，方便现场操作。但表格整体格式不得变动。

　　2. 如监理人员发现问题性质严重，应在记录旁站监理表式后，发出监理工程师通
　　　知单要求施工项目部进行整改。

　　3. 本表一式一份，监理项目部留存。

C.4 质量管理部分

PJZL1：设备材料开箱检查记录表

设备材料开箱检查记录表

编号：

工程名称		开箱日期	
产品来源		合同号	
产品名称		合同数量	
型号规格		到货数量	
制造厂商		总箱（件）数	
厂商国别		到货时间	
唛头号		存放地点	
检查内容		检查结果	
外包装		缺件登记：	
外观检查			
铭牌核对			

文件资料名称	检查结果	份数	接收人	日期	结论
质保书或合格证	□有□无□不需要				□齐全□不齐全
原产地证书	□有□无□不需要				□齐全□不齐全
装箱清单	□有□无□不需要				□齐全□不齐全
出厂试验报告	□有□无□不需要				□齐全□不齐全
安装使用说明书	□有□无□不需要				□齐全□不齐全
安装图纸及资料	□有□无□不需要				□齐全□不齐全
备品备件	□有□无□不需要				□齐全□不齐全

开箱检查结论：
开箱负责人（签字）：　　　　　　日期：
处理意见：
开箱负责人（签字）：　　　　　　日期：
参加开箱单位及人员签字：

注 1. 设备材料开箱检查由监理项目部组织，开箱负责人由总监理工程师/专业监理工程师担任。

　　2. 本表一式____份，由施工项目部填报，业主项目部、监理项目部各____份，施工项目部存____份。

C.5 造价管理部分

PJZJ1：设计变更联系单

设计变更联系单

工程名称：   编号：

致_____（设计单位）：

由于

原因,兹提出_____

等设计变更建议，请予以审核。

    附件：变更方案等相关附件

                                  负 责 人：（签字）

                                  提出单位：（盖章）

                                  日　　期：_____年___月___日

注　1. 本表由监理项目部统一编号后发送设计单位，作为设计变更联系单的唯一通用
　　　 表单。

　　 2. 本表仅用于向设计单位提出非设计原因引起的设计变更，作为设计变更审批单、
　　　 重大设计变更审批单的附件。

　　 3. 本表一式五份（施工、设计、监理、业主项目部各一份，建设管理单位存档一
　　　 份）。

PJZJ2：工程监理费付款报审表

工程监理费付款报审表

工程名称：   编号：

致_____（业主项目部）： 　　根据_____合同约定，现申请支付_____万元，费用共计_____万元，占合同金额的_____%。 　　截至本次付款前，我单位累计已收到款项_____万元，占合同金额的_____%。请予审核。 　　附件：监理费付款计算表   　　　　　　　　　　　　　　　　　　　监理项目部（章） 　　　　　　　　　　　　　　　　　　　总监理工程师： 　　　　　　　　　　　　　　　　　　　日　期：_____年___月___日
业主项目部审核意见：   　　　　　　　　　　　　　　　　　　　业主项目部（章） 　　　　　　　　　　　　　　　　　　　项目经理： 　　　　　　　　　　　　　　　　　　　日　期：_____年___月___日
建设管理单位审批意见：   　　　　　　　　　　　　　　　　　　　建设管理单位（章） 　　　　　　　　　　　　　　　　　　　项目负责人： 　　　　　　　　　　　　　　　　　　　日　期：_____年___月___日

注　本表一式____份，由监理项目部填写，业主项目部存一份，监理项目部存____份。

50

附录 D 配电网工程监理项目部 管理文件资料清单

阶段	序号	文件名称	编制单位
项目前期准备及可行性研究阶段	1	可行性研究	
	1.1	路径走向方案及审批（可选）	建设管理单位
	1.2	可行性研究报告及附图	建设管理单位
	1.3	可行性研究报告评审批复意见	建设管理单位
	2	设计招投文件	
	2.1	设计招标方案	建设管理单位
	2.2	设计中标通知书	建设管理单位
	2.3	设计委托书	建设管理单位
	2.4	设计合同	建设管理单位
	3	监理招投文件	
	3.1	监理招标方案	建设管理单位
	3.2	监理中标通知书	建设管理单位
	3.3	监理合同	建设管理单位
	4	其他合同、协议	
	4.1	招标代理技术服务合同（可选）	建设管理单位
	4.2	审计合同、审价合同（可选）	建设管理单位
	4.3	其他与工程相关的合同、协议等	建设管理单位
项目初步设计阶段	1	初步设计	
	1.1	初步设计文件及图纸（送审稿）（可选）	设计单位
	1.2	初步设计审查意见及批复	建设管理单位
	1.3	初步设计文件及图纸（修改部分）	设计单位
	1.4	批准概算书	设计单位
	2	设备材料招投标文件	

阶段	序号	文件名称	编制单位
项目初步设计阶段	2.1	物资申报批次通知文件	建设管理单位
	2.2	物资上报清单	建设管理单位
	2.3	物资中标清单	建设管理单位
施工设计、施工图技术管理阶段	1	施工图设计	
	1.1	施工图文件	设计单位
	1.2	施工图预算书	设计单位
	2	施工招投标文件	
	2.1	招标方案	建设管理单位
	2.2	中标通知书	建设管理单位
	2.3	施工合同	建设管理单位
施工阶段	1	工程技术交底资料	
	1.1	施工图交底会议纪要	监理单位
	1.2	会议签到表	监理单位
	2	施工组织报审表	
	2.1	施工组织设计（方案）报审表及附件	施工单位
	3	工程开工报告报审资料	
	3.1	承包单位资质、分包单位资质报审表	施工单位
	3.2	工程开工报审表及开工报告	施工单位
	3.3	施工管理人员资格报审表	施工单位
	3.4	特殊工种特殊作业人员报审表	施工单位
	3.5	主要施工机械工器具安全用具报审表	施工单位
	3.6	工程材料构配件设备进场报审表	施工单位
	4	工程变更资料	
	4.1	工程变更单	建设、施工、设计单位
	4.2	工程费用调整联系单	建设、施工、设计单位
	4.3	工程设计变更及签证执行单	建设、施工、设计单位
	4.4	工程重大设计变更（可选）	建设、施工、设计单位

阶段	序号	文件名称	编制单位
施工阶段	4.5	工程变更单汇总表	监理单位
	5	施工记录资料	
	5.1	柜体耐压及电网接地电阻试验报告	施工单位
	5.2	电力电缆试验报告	施工单位
	5.3	电缆敷设记录	施工单位
	5.4	接地电阻测试记录表	施工单位
	5.5	跨越施工记录表	施工单位
	5.6	配电变压器试验报告	施工单位
	5.7	三盘安装检查记录表（可选）	施工单位
	5.8	线路施工紧线弧垂观察记录表（可选）	施工单位
	5.9	铁塔根开数据记录表	施工单位
	5.10	隐蔽工程验收记录表	施工单位
	5.11	主要设备开箱检查记录表	施工单位
	6	中间验收申请表及相关验收记录	
	6.1	工程质量中间验收申请表（附专检报告）	施工单位
	6.2	工程质量中间验收报告	监理单位
	7	其他竣工资料	
	7.1	甲供材料设备核对表	施工单位
	7.2	工程影像文件	施工、监理、建设管理单位
	7.3	监理项目部任命文件	监理单位
	7.4	监理规划	监理单位
	7.5	监理旁站记录	监理单位
	7.6	监理月报	监理单位
	7.7	监理工作总结	监理单位
	7.8	其他相关会议纪要	监理单位

阶段	序号	文件名称	编制单位
竣工验收阶段	1	竣工验收	
	1.1	工程验收申请表	施工单位
	1.2	施工单位三级自验报告（附整改记录及报验、整改反馈）	施工单位
	1.3	验收报告（附整改记录及报验、整改反馈）	建设管理单位
结算管理	1	工程款支付	
	1.1	工程预付款报审表	施工、设计、监理单位
	1.2	工程进度款报审表	施工、设计、监理单位
	1.3	索赔申请表（可选）	施工单位
	1.4	资金使用计划报审表	施工单位
	2	工程结算	
	2.1	施工结算书	施工单位
	2.2	工程结算书	建设管理单位
	2.3	工程结算审价报告	建设管理单位
	3	工程决算	
	3.1	竣工决算报告	建设管理单位
	3.2	固定资产移交清单	建设管理单位
	4	工程审计	
	4.1	工程决算审计报告	建设管理单位
工程管理（可选）	1	建设管理	
	1.1	项目建设管理纲要	建设管理单位
	2	强条执行	
	2.1	建设单位强条实施管理	建设管理单位
	2.2	设计单位强制性条文实施计划及记录	设计单位
	2.3	施工单位强制性条文实施计划及记录	施工单位
	3	信息管理	
	3.1	工程协调会议纪要	建设管理单位
	4	达标投产工程创优及报审	

阶段	序号	文件名称	编制单位
工程管理（可选）	4.1	建设管理单位创优规划及设计、监理、施工、物资、运行等单位创优实施细则	建设管理单位
	4.2	达标投产、工程创优申报文件及命名文件	建设管理单位
	4.3	设计、优质工程奖，优秀项目经理、专利、科技成果奖等获奖项目文件	建设管理单位
	4.4	新设备、新工艺、新技术、新材料的获奖项目文件	建设管理单位

附录 E 监理项目部综合评价表

序号	评价指标	标准分值	考核内容及评分标准	扣分	扣分原因
一	监理项目部标准化建设（15 分）				
1	项目部组建	6	监理项目部组建符合公司标准化管理要求,管理人员任职资格符合要求并持证上岗,主要管理人员与投标承诺一致 [查任命文件、资格证书、投标文件。无任命文件或未按要求报备,扣 1 分;项目总监理工程师或副总监理工程师、总监理工程师代表等主要管理人员与投标承诺不一致,每人扣 1.5 分（经业主批准同意并履行相应手续,每人扣 0.5 分）;人员配备数量不满足要求,每缺一人扣 1 分;组建时间不符合规定要求,扣 1 分;总监理工程师任职资格或兼职项目数量不符合要求扣 1.5 分,其他主要管理人员任职资格不符合要求,每人扣 0.5 分]		
2	项目部资源配置	5	监理项目部及监理站点设置合理,配备满足独立开展监理工作所需的办公、交通、通信、检测、个人安全防护用品等设备或工具,并配置必要的法律法规、规程规范和规章制度、技术标准等 （对照投标文件和管理手册,查项目部办公设施、交通工具、检测工具及相关规程、规章制度,以及监理站点设置及设施配备情况。与投标承诺有明显差异、不满足实际需要或不符合要求,每项扣 1 分）		
3	项目管理提升	4	对上级检查或业主项目部提出的监理问题进行闭环整改,制订提升措施并有效落实。对施工单位存在问题进行跟踪并督促闭环整改。 （查工程现场及相关检查记录、整改资料。对业主项目部发现的问题未落实整改,每项扣 1 分;在日常监理活动中,未对发现的施工问题进行跟踪监督并整改到位,每项扣 1 分）		
二	重点工作开展情况（85 分）				
1	策划管理	10	监理规划编制符合公司有关要求,科学合理、有针对性、符合工程实际,编审批及报审手续完备。策划文件与实际实施一致,必要时及时修编（6 分） （查监理规划、报审记录等,每缺少一项扣 2 分;存在内容不全面、不符合要求、方案未结合工程实际、引用过期文件、报审不及时、编审批不符合要求等不规范现象,每项扣 0.5 分;修编不及时,每项扣 1 分;批准后的策划文件关键内容与实际实施存在明显差异,每项扣 2 分）		

序号	评价指标	标准分值	考核内容及评分标准	扣分	扣分原因
1	策划管理	10	对项目管理实施规划（施工组织设计）报审资料进行审查，审查意见明确、准确，有针对性，符合实际，并及时反馈施工项目部（4分） （查施工策划文件报审表、文件审查记录表，每缺少一项扣1分；不规范、审查意见不准确、表述模糊每项扣0.5分；反馈不及时，每项扣0.3分）		
2	项目管理	25	按要求审核工程开工条件、开工报审表（2分） （查开工报审表。审核流程不规范，审核意见不明确、不准确，审核不及时等，每项扣1分）		
			按照业主方进度计划管理要求，审批施工进度计划，并实施动态管理，对执行情况进行分析和纠偏，监督施工进度计划落实情况。需调整施工进度的项目，审查施工项目部施工进度调整计划，并报业主项目部（2分） （查相关记录，未审批施工进度计划或审查不准确，扣0.5分；未对计划执行情况进行分析和纠偏，扣0.5分）		
			按要求组织召开监理例会或专题会议，参加业主项目部等上级单位组织的有关会议（2分） （查例会纪要，未定期（每月）召开，每次扣1分；无会议记录，每次扣0.5分；未实施闭环管理，每项扣0.5分；未按要求参加业主项目部等上级单位组织的会议、未落实会议议定事项，每次扣1分]		
			监理管理信息数据电子化（扫描）录入及时、准确、完整（7分） （关键信息缺失或错误，每处扣0.2分）		
			协助业主项目部监督施工合同条款执行，对施工合同的执行进行过程管理，及时协调合同执行过程中的各种问题（1分） （查会议纪要及相关记录。对相关分歧或纠纷事项未进行协调或协调不力，每项扣0.2分；无记录扣1分）		
			采集、管理施工隐蔽工程等数码照片（6分） （查数码照片。有弄虚作假问题，每张扣1分；缺项、主题不明确、数量不足、未按要求分类整理、不规范或不满足要求，每张扣0.2分；未及时整理、移交，扣1分）		

序号	评价指标	标准分值	考核内容及评分标准	扣分	扣分原因
2	项目管理	25	及时组织宣贯上级文件,来往文件记录清晰。每月编制监理月报,及时报送业主项目部(1分) (查文件及收发文记录、宣贯记录、监理月报。每缺少一个文件,扣0.2分;未宣贯,每项扣0.2分;未编制监理月报或无实质性内容、未及时上报,每次扣0.5分)		
			及时收集监理档案文件资料,进行分类整理、组卷、录入,工程投运后及时移交(4分) (查工程档案。缺项或内容不完整、不规范,每项/份扣0.3分;工程档案未与工程建设同步形成,每项/次扣0.3分;未按时移交,每项扣1分)		
3	安全管理	16	适时开展监理安全检查,重点督查施工项目部的安全措施、安全文明施工措施或专项施工方案、施工安全管理及风险控制方案的落实,对发现的各类安全事故隐患,要求施工项目部及时整改闭环(6分) (查安全签证等记录、监理通知单、监理通知回复单、工程暂停令。安全签证等记录每缺一份,扣0.5分;记录不规范、与其他资料不对应,每份扣0.5分;发现的问题未监督整改闭环,每次扣1分)		
			审查分包商资质、安全协议及人员资格,督促施工项目部规范分包管理(2分) (未审查分包单位资质报审表,或审核过程管控不严格,存在分包商资质不合格现象,每份扣1分;分包过程不规范,存在施工违规分包、以包代管等现象而未纠正的,每例/项扣2分)		
			审查施工单位和分包商的特殊工种、特种作业人员资格证明文件,并进行不定期核查(2分) (查特殊工种、特种作业人员报审资料。审查不严格、未发现特殊工种、特种作业人员资格证明文件缺失或失效,每份扣0.5分;现场发现无证上岗,每例扣1分)		
			依据安全监理工作方案,对施工安全的重要及危险作业工序和部位进行安全旁站监理,实施三级及以上安全风险监理预控措施(6分) (查安全旁站监理记录。每缺一份扣1分;应旁站而未进行旁站,每处扣1分;记录不规范、与其他资料不对应、问题未闭环,每处扣0.5分)		

58

序号	评价指标	标准分值	考核内容及评分标准	扣分	扣分原因
4	质量管理	17	审查施工项目部原材料及构配件报验资料,组织设备开箱检验(2分) (查原材料/构配件报审表、设备开箱记录。原材料质量证明文件和复检试验记录等不完备或记录不规范,每份扣0.5分;现场原材料与报审不符而监理未纠正的,每项扣1.5分)		
			对施工关键部位、关键工序进行旁站监理,对施工质量实施管控(8分) (查质量旁站监理记录。每缺一份扣1分;应旁站而未进行旁站,每处扣1分;记录不规范、与其他资料不对应、问题未闭环,每处扣0.5分)		
			组织隐蔽工程验收、监理初检,参加中间验收、竣工预验收、竣工验收,督促缺陷整改闭环(7分) (查初检记录、缺陷整改闭环记录。工程质量初检记录缺少,每次扣2分;验收走过场,质量缺陷未整改或在下一级验收重复出现,每项扣1分)		
5	造价管理	11	审核工程预付款支付申请,进行工程计量和进度款付款审核,参与工程结算(2分) (查施工工程款报审资料、结算监理意见。未及时审核施工项目部预付款和进度款支付申请,每次扣0.5分;工程量审核不准确,每次扣1分;未提供结算监理意见,扣0.5分)		
			审核设计变更(4分) (查设计变更通知单和设计变更执行报验单,审核不及时,每份0.5分;签署意见表述不清晰或不准确,每份扣1分;施工单位未严格执行审批后的设计变更而监理单位未发现或未指出,每份扣1分)		
			审核现场签证(5分) (查现场签证审批单,审核不及时,每份扣0.5分;签署意见表述不清晰或不准确,每份扣1分)		
6	技术管理	6	参加施工过程中重要(关键)环节的施工技术交底会(2分) (查项目部级施工技术交底记录,缺少一次扣0.5分;施工单位未进行交底或交底走过场、内容没有针对性而监理单位未发现或未指出,每次扣1分)		

序号	评价指标	标准分值	考核内容及评分标准	扣分	扣分原因
6	技术管理	6	组织审查专项施工方案，审查意见明确、准确、有针对性，及时反馈施工项目部，并监督方案在现场的有效执行（4 分） （查专项施工方案报审表、文件审查记录表。每缺少一项扣 1 分；不规范、审查意见不准确、表述模糊，每项扣 0.5 分；反馈意见不及时，每项扣 0.5 分；施工方案与现场实际执行不符而监理未指出并纠正，每项扣 2 分）		
三			工作成效（扣分项）		
1	进度管理		因监理单位原因造成开工延迟，每延迟 1 个月扣 1 分；因监理单位原因造成投产延迟，每延迟 1 个月扣 2 分（本项扣分最多不超过 20 分）		
2	安全管理		因监理单位原因未实现监理承包合同安全目标，扣 20 分		
3	质量管理		因监理单位原因未实现监理承包合同质量目标，扣 20 分		
4	造价管理		因监理单位原因造成工程超概算，扣 20 分		
5	问题纠偏与闭环管理		因监理单位未指出、未纠正或未监督整改闭环施工管理存在的问题，发生 8 级及以上安全事故或质量事件，每件/次扣 10 分； 业主及上级单位检查中发现监理未发现的安全质量隐患，每项扣 2 分； 未跟踪督促施工单位对检查出的安全质量隐患及时闭环整改、采取防范措施，每项扣 10 分 （本项扣分最多不超过 30 分）		

业主项目经理： 年 月 日

注 每分项扣分最多不超过本分项标准分值。